U0819061

请到长白山天域来
送你健康和快乐

庄研 著

中国时代经济出版社

图书在版编目（CIP）数据

请到长白山天域来　送你健康和快乐 / 庄研著. —
北京：中国时代经济出版社，2012.10

ISBN 978-7-5119-1282-4

Ⅰ. ①请… Ⅱ. ①庄… Ⅲ. ①人生哲学－通俗读物
Ⅳ. ①B821-49

中国版本图书馆 CIP 数据核字(2012)第 225229 号

书　　名：请到长白山天域来　送你健康和快乐
作　　者：庄　研

出版发行：中国时代经济出版社
社　　址：北京市丰台区玉林里 25 号楼
邮政编码：100069
发行热线：（010）68350173　68312508
传　　真：（010）68320634　68320484
网　　址：www.cmepub.com.cn
电子邮箱：zgsdjj@hotmail.com
经　　销：各地新华书店
印　　刷：北京画中画印刷有限公司
开　　本：787×1092　1/32
字　　数：50 千字
印　　张：4
版　　次：2012 年 10 月第 1 版
印　　次：2013 年 5 月第 2 次印刷
书　　号：ISBN 978-7-5119-1282-4
定　　价：20.00 元

本书如有破损、缺页、装订错误，请与本社发行部联系更换
版权所有　侵权必究

目录

第一部分

离开喧闹的城市，
到大自然去静修吧

去年冬天，北方还是冰天雪地的时节，去了著名的海南三亚天域酒店度假，感受了大海、沙滩、阳光和热带风光，回来一身轻松。白天海水游泳、沙滩阳光浴等，晚上伴随着海涛声安然入眠。

听朋友说："南方有海南三亚天域酒店，北方则有长白山天域酒店。去了海南三亚天域酒店，不去长白山天域酒店，往往让人遗憾。"于是，对她产生了想往。

今年初秋的一个周末，来到了长白山度假。住在长白山机场附近的长白山天域酒店。特别奇怪的是，本来在城市里生活的我，经常被失眠所困扰，但是，在这里静修的几天竟然睡眠极好，往往一夜到天亮且无梦。

长白山天域度假酒店

长白山，位于吉林省延边州安图县和白山市抚松县境内，为中华“十大名山”之一。林海、雪山、天池、珍禽异兽以及浓郁的关东文化，引人入胜，心神向往。在神奇、美丽的长白山脚下，无论您此行是休闲度假或商务会议，都会享受到天域细致周到的服务和完善的配套设施，给您留下美妙的行程之旅。

长白山天域度假酒店占地 9.2 公顷，位于长白山西坡，距机场仅 5 分钟车程，距西坡天池景区 15 分钟，距南、北坡景区山门各约 1 小时车程，是长白山旅游通往各景区的枢纽之地。酒店拥有 275 间北欧风情豪华客房，3 个各具特色的主题餐厅，以及总面积达 1200 平方米的 6 个会议室和 1 个宴会厅。酒店四面环水，滨临松花江的源头，在店内即可以全年开展漂流活动。在这座四周丛林茂密，掩映在原生态森林中的“北欧小镇”，看山、傍湖，大气磅礴与灵动宁静巧妙结合，留给您美妙的旅行回忆！

地址：中国吉林长白山保护开发区池西区

——摘自长白山天域度假酒店官网

在长白山的这一段时间里，白天奔波跋涉，上山看天池或者在森林中快走，晚上在温暖如家的酒店看书、沉静，心灵变得那么的清澈、那么的宁静，不时产生幸福和快乐的感觉。

这时候，理解了《瓦尔登湖》的作者梭罗为什么到森林中去隐居，他是为了获得内心的宁静，让自己更好地沉思，所以不顾别人的不解和讽刺，去过那种有思想深度的生活。

我们很少有时间安静下来，宁静地独处，冷静地思考人生问题。“我是谁？”“生命的意义是什么？”“如何不让一生虚度？”往来皆是名利船，日夜反复闹心事，人生能有健康和快乐吗？色诱烦恼多，是非不断门。空山好修行，慧应当下时。

有人忠告："现代人需要佛心。"佛法博大精深，包涵"缘、空、悟和善"四字。缘是机遇，是达观，世间万物皆是缘。空是境界，是智慧，外观世音，内观自在。包容宽恕，虚怀若谷，海纳百川。悟为慧根，世事洞明皆学问。光有知识，没有智慧，根本行不通。善心，感恩之心，与人为善。

只知道吃喝玩乐，不知道为国家、社会创造和奉献，那样行尸走肉般地活着，应该是一种耻辱。修行到足以克服一时的不快和烦恼，看重自己的责任而不是权利，关注别人的不幸且能够去安慰和帮助时，就站在了精神的最高处。

一点感悟

物随心转，境由心造，世界上的烦恼皆由心生。有些人，有些事，是可遇不可求，强求不得。放宽心态，顺其自然，保持一颗安闲自在的心，拥有豁达的心态，不要活得累。佛说："苦非苦，乐非乐，只是执一时的念而已。"执于一念，将受困于一念；放下一念，就会自在于心。一生有万念，而定平生善恶者，数念而已。

宁静中、空妙中，读那些智慧的格言“闲时多读书，博览凝才气；众前慎言行，低调养清气；交友重情义，慷慨有人气；困中善负重，忍辱蓄志气；处事宜平易，不争添和气；对己讲原则，坚持守底气；淡泊且致远，修身立正气；居低少卑怯，坦然见骨气；卓而能合群，品高养浩气；勤俭守信德，商营创财气”，就会句句入心。平时心浮气躁，哪里能够理解和领悟？！

有智慧者忠告："中年后应该把握：把时间分给靠谱的人和事；缩小朋友圈；能花钱的时候一定花钱，这样可节约时间；只与跟生命有关的人交往；多想什么是自己想要的东西；保证每天在家里至少吃一顿饭；超过5个人的饭局尽量少参加；与人为善；事缓则圆；欣赏美好的东西；形成自己的规律、标准、喜恶；利用别人比被利用重要；要学会减负；把工作分出去；让周围的人能跟你一起成长；杜绝事必躬亲，学会抓大放小；不自恋，多爱惜自己；把一本好书翻开了就把它翻完；减少上网时间；多去亲近大自然。"

“看远、看透和看淡”人生三境界，乃智慧人生之精华。年青时看远，中年时看透，年老时看淡。看远“才能览物于胸；只看眼前美景，难见山外之山；困于蝇头小利，难睹天外之天”。看透“天下熙熙皆为名来，天下攘攘皆为利往”，“阅透人情，踏穿世路”。看淡“不是无所追求，而是平和坦然。”

宽容是送给他人最好的礼物，自律是送给自己最好的礼物。世上有一种永远亏本的事，那就是生气，遇到生气的人和事，应该学会微笑、哈哈大笑。行善是唯一不会失败的投资：“与人为善，实为善己；与人交恶，实为恶己；取人长己更长，揭人短终断己。”

静才能读书。更能体会名人妙语："人之气质，由于天生，本难改变，唯读书则可以变其气质。内心清静，自有远大。能甘淡泊，便有几分真学问。和可消人怨，忍足退灾星。气忌盛，心忌满，才忌露。清高太过则伤仁，和顺太过则伤义，是以贵中道也。寡言养气，寡视养神，寡欲养精。礼义廉耻，可以律己，不可以绳人。士有三不斗：毋与君子斗名，毋与小人斗利，毋与天地斗巧。为善最乐，是不求人知。为恶最苦，是唯恐人知。居官不过偶然之事，居家乃是长久之计。不为圣贤，便为禽兽；莫问收获，但问耕耘。"

昨天的已经过去，明天的还没有来到，只有今天才是真实的、可爱的。一个时代有一个时代的英雄，重要的是现在的生命质量和生活智慧。能以无憾之心向后看，以希望之心向前看，以宽容之心向下看，又以坦然之心向上看，就站在了灵魂的最高处。

自己走好人生之路，积极做好工作，稳妥处理好各种生活问题。没有人会给你负责，只能自己给自己负责。改变不了事实，就改变自己的心态，变消极为积极；改变不了过去的历史，就改变现在的轨迹；不能控制他人的看法，就掌握自己的言行；不能预知明天的状况，就把握今天的努力；不可以样样顺利，就事事尽心；不能延伸生命的长度，就决定生命的宽度。

与沙滩上读书比较，在森林中读书更有另外一种美妙，更多了一份领悟。譬如领悟谚语“上帝让谁死亡，总先让他膨胀；时间是筛子，最终刷去一切沉渣；蜜蜂盗花，结果却使花开满园；暗透了，更能看得到星光”。面对变化的世界，心里豁然开朗。譬如领悟“厚道”，厚就是人品好，道就是能力强。

希望、信仰和爱。人生不能没有目标，但是必须一步一步去实现目标。不相信目标能实现的人坚持不下来，相信目标很快能实现的人也坚持不下来。人生犹如爬一座连绵的山脉，或许会被眼前一个个小山头挡住，甚至根本看不到未来，但是只要心中有信念、有信心，踏踏实实把脚下的路走好，不断爬上眼前的小山头，就一定可以拥有壮丽的未来。

仁者爱山，智者乐水。多与大自然的山水交往，你身体健康的程度就会改善，生命质量就会提高，“现代病”就会减少。你的快乐就会产生，你的智慧就会积累。

我告诉朋友们："到长白山的森林中去静修吧，能够忘记烦恼，忘记疼痛，忘记所有不愉快的感觉。既能够获得新鲜的空气和活力，让身心健康起来，又能够获得人生智慧和快乐。"

一点感悟

第二部分

没有健康的身体，
人生的一切都是空

能不能从山西的悬空寺获得一些人生智慧。我们的健康观念、我们的身体状况可以“悬空”检查一下吗？通过“悬空”的方式来检查我们的身体是否达到健康的标准？譬如我们的工作和生活方式是否健康？我们的心灵是否十分健康？

不要把健康托付给医生或者医院。自己就是最好的医生，管理好自己的内心，管理好自己的身体。自我的健康系统好像埋藏在地下的煤炭，需要把它们开发出来。预防为主，积极保养。

良好的心态，新鲜的空气，干净的饮水，温暖的阳光，平衡的饮食，是确保身体健康最重要的基石。

学习古人的长寿良方："头为精明之府，日梳三遍百病除。脚称第二心脏，常搓涌泉保健康。日咽唾液三百口，一生活到九十九。朝暮叩齿三百六，七老八十牙不落。人之肾气通于耳，扯拉搓揉健全身。工作之余多捶背，解疲强身又防老。每天揉腹一百遍，通和气血裨神元。"

生命在于运动，要活就要动。“人生不在年龄，贵在心里年轻；养身不在刻意，贵在自然顺心；锻炼不在朝夕，贵在持之以恒；作息不在早晚，贵在规律养成。”

有智慧人总结："人生最大的错误，是用健康换取身外之物。腾不出时间去健身，迟早会腾出时间去看病！最好的心情是宁静，最好的运动是步行！饮食贵在节，锻炼贵在恒。健康总与豁达的人同行。健康不是一切，但没有健康就没有一切。什么都可以不好，心情不能不好；什么都可以忘掉，健身不能忘掉；不能饿了才吃，渴了才喝，困了才睡，累了才歇，病了才检查，老了再后悔。"

长白山天域度假酒店同时提供多种户外康乐项目，特别是漫步近 40 分钟的森林木栈道，如同将长白山千顷森林变成宾客的后花园一般。酒店周边开设的有林道和木栈道，可自由穿行于寒带原始森林之间。

不要沉迷于吃吃喝喝，现代社会许多疾病是吃出来的，再加上运动少，怎么能不得病呢?！控制饮食，不要暴饮暴食。要想身体好，三分饥和寒。早上吃得好，中午吃得饱，晚上七分饱。

一点感悟

乐观的人长寿。专家研究分析认为“一个人的健康和寿命15%决定于遗传，10%决定于社会因素，8%决定于医疗条件，7%决定于气候影响，而60%决定于自己。那么自己部分，50%是心态问题，好多人往往是气死的，气大伤身。30%是吃死的，20%是累死的。”值得我们很好地反思。

“喜乐的心乃是良药，忧伤的灵使骨枯干。”愤怒、烦恼、痛苦、忧虑、恐惧等不良情绪，是疾病的朋友。药物治疗不如心理治疗。心理健康比肌体健康还要重要。譬如心烦的时候，不妨在森林里走一走。

有了好身体，再简单的生活也充满乐趣。生命往往因为健康而美丽。英雄再有本领，也抵御不了疾病的进攻。智慧的人投资健康，糊涂的人透支健康。再忙也要抽出一点时间来，进行健身锻炼。

讲究健康吃法：少、杂、淡、温、慢。吃得少，一夜安。吃得杂，营养全。吃得淡，避免高血压等疾病。吃得温，不冷不热。吃得慢，细嚼慢咽。

我们衰老得快，而智慧得慢。除了工作和生活，其实让身体健康也是每天应该做的功课。人是什么？就是呼吸之间一口气。健康两件头等大事，一是睡眠好，二是吃饭好。睡不好，吃不好，疾病马上就来。

“许多人不是死于疾病，而是死于无知，死于不健康的生活方式。”不合理的膳食，天天山珍海味，看起来是高档生活，实际上是慢性自杀；没有体能运动，天天以车代步，看起来是富贵生活，实际上是肌肉萎缩；烟酒朋友，片刻不离，看起来是潇洒生活，实际上烟酒是微笑的凶手。

中医认为："气大伤肺，怒大伤肝。"克制愤怒也是长寿之道。一个人怒气太盛，肝火太旺，无疑是经常身带一个摧残其生命的"定时炸弹"。怒能使一个人血冲头顶，易得脑溢血，使其气绝身亡。"心平气和，五体得安"，"躁意多害事"。

得神者昌，失神者亡。《孙真人卫生歌》说得好："世人欲知卫生道，喜乐有常嗔怒少，心正意诚思虑除，顺理修身去烦恼。"光知忧虑是无用的，自己还得适当地宽解自己。人生本来是烦恼缠绕的，想也是烦恼的事情，不想也是烦恼的事情，那么还不如不去想。

世上本无长生不老药，健康还在日常饮食中。一个人吃不下，睡不好，再吃什么补品也是白搭。别迷信什么补品，任何补品都抵不上自己的日常饮食。只要饮食均衡，不偏食，不挑食，那么自己的日常饮食就足够保证每天的营养。

既要会工作也要会休闲，特别要多与大自然亲近，就会让自己精神爽朗。卡耐基先生劝告天下人：“要避免紧张、不安、急躁、恐惧、愤怒、憎恶、嫉妒、焦虑、忧烦、不平、悔恨、绝望等情绪。设法开创开朗、和平、安详的精神态度，以积极、自信、勇气、智慧和愉快的心情，迎向未来。”

心理疾病还得要用心药来治疗。心烦意乱多是自找的。同样一件事情，如果自己想不开，那么自己永远是在吃可怕的毒药。

如果一个人的健康是以药物为基础，那是极端悲哀的。如果一个人以酒精为朋友，那是异常悲伤的。是药三分毒，应该远离之；酒多伤肝，更应该注意。

有哲人建议不妨追求这样的健康生活：对于生活，要随遇而安，知足常乐；爱好多样，兴趣广泛，情操陶冶最要紧；休假旅游，自然风光，赏心悦目；幽默轻松，开怀一笑，心境良好；环境恶劣，不妨调换，人挪则活；承担责任，知难而上，充满活力；有氧运动，精力充沛，生命力强；宣泄郁闷，尽情发泄，保持好心态；闭目养神，放松一刻，悠悠自得；着眼现实，立足今天，不做美梦。

一点感悟

第三部分

世界上没有快乐的地方，
只有会快乐的人

长白山是我国北方最高山，位于中、朝两国的边界，气势恢宏，资源丰富，景色非常美丽。在远古时期，长白山原是一座火山。据史籍记载，自16世纪以来它又爆发了3次，火山爆发喷射出的熔岩在火山口处形成盆状，时间一长，积水成湖，便成了现在的天池。长白山有中华十大名山之一、国家5A级风景区、关东第一山等多项美誉，因其主峰多白色浮石与积雪而得名，素有“千年积雪为年松，直上人间第一峰”的美誉。中国境内的白云峰海拔高度2691米，是东北第一高峰，而长白山最高峰是位于朝鲜境内的将军峰。长白山是中国东北境内海拔最高、喷口最大的火山体。长白山还有一个美好的寓意“长相守，到白头”。

围绕天池是国家级自然保护区，有北、西、南三个方向可以上山观看天池，天池东坡是朝鲜境内，南坡观天池的地方实际是朝鲜境内，相当于出境了，不过不用办理出境手续。长白山春看花海，夏季避暑，秋赏枫叶，冬季亲雪。特别是当地旅游局加大了旅游开发，西坡再也不会出现大雪封山的现象，让游客可大饱天池美景。

——摘自长白山天域度假酒店官网

登上长白山一生平安

著名的长白山天池位于长白山主峰火山锥体的顶部，是我国最大的火山口湖，荣获海拔最高的火山湖吉尼斯世界之最。天池四周奇峰林立，池水碧绿清澈，是松花江、图们江、鸭绿江的三江之源。从天池倾泻而下的长白飞瀑，是世界落差最大的火山湖瀑布，它轰鸣如雷，水花四溅，雾气遮天。位于冠冕峰南的锦江瀑布，两次跌落汇成巨流，直泻谷底，惊心动魄，与天池瀑布一南一北，遥相呼应，蔚为壮观。生动地再现了“疑似龙池喷瑞雪，如同天际挂飞流”的神奇境界，游者身临其境，会产生细雨飘洒、凉透心田的惬意感受。鸭绿江大峡谷和长白山大峡谷集奇峰、怪石、幽谷、秀水、古树、珍草为一体，沟壑险峻狭长，溪水淙淙清幽。其博大雄浑的风格和洪荒原始的意境，深深地震撼了旅游者的心魄。

——摘自长白山天域度假酒店官网

长白山旅游的最佳时节是一年四季，要注意的是：由于秋季多雾，所以这时来长白山要特别注意天气预报，以免看不到天池的风采。冬季是滑雪运动的最佳季节。

长白山属于温带大陆性山地气候，特点是冬季漫长寒冷，夏季短暂凉爽且天气变化无常，春季多风，秋季多雾。年平均气温在 -7℃至 3℃之间。

长白山的冬季千里冰封、万里雪飘，是典型的冰雪世界。冬游长白山虽然风光无限，但由于此时最低气温可达 -40℃，所以要特别注意保暖，必备物品包括：羽绒服、帽子、围巾、手套、太阳镜、雪地鞋等。在雪地里行走时，一定不要专拣小道走，而应走大路，最好再请一个当地人做向导。

——摘自长白山天域度假酒店官网

一生中最重要的东西是什么？是一个快乐的好心情。快乐总与乐观、宽厚的人相伴，与忧虑、烦恼的人无缘。快乐是幸福生活的开始和终结。伊壁鸠鲁认为，以道德、教养为规范的享乐是人生至善之境。

少一点不良的欲望，就多一些快乐，就有了幸福的源泉。有求皆苦，无欲则刚。心无邪欲，烦何来？心有邪欲，其烦自来。世界上有很多令人羡慕的东西，但是这些东西却离我们很遥远。正因为很遥远，尤其是像天上的星星一般，所以才会心生希望，情系奢望，为此常常为得不到这些东西而痛苦，并对自己已经拥有的东西而冷漠无视。

在生活中达到“得贵且贵”和“得贱且贱”人生境界，那么完全可以自得其乐。置身富贵生活却能够做到不奢华，又不狂妄；置身清贫生活，也能够做到不沮丧，又不放弃，这是一种人生大智慧。

“事能知足心常惬，人到无欲品自高，珍惜自己现在所拥有的东西，虽然比上不足，但是比下还是有余的，知足就能常乐。善于克制自己的欲望，免受痛苦的煎熬，更使自己的心灵宁静。

以宁静之心来感受人生，对于快乐，应该欣慰；对待痛苦，应该感激。人活着就必须面对各种各样的痛苦，生活本身就是在许多的辛苦和烦恼中存续的，从痛苦中了解人生的真谛，从困难中取得生存的经验，从愁怨中得到快乐的源泉，善于超越苦难，超越自我，就会欢乐常有。

尼采说："人生就是一场苦难"。佛祖早在几千年前就写下"人生是苦"的名言，认为人生有八大苦，即"生、老、病、死、冤家聚头、求不得、伤感别离和寂寞无奈"。人生没有快乐，就会痛不欲生，因此要乐在其中。

谁都无法让我们“平安无事、无忧无虑”地过一辈子，唯有智慧地生活，才能战胜忧愁，享受快乐。有钱能快乐吗？有权能快乐吗？有名能快乐吗？有貌能快乐吗？不一定！

正确看待和珍惜自己所拥有的，才能有快乐的好心情。怎样看待自己所拥有的，关键是自己的心态。要是自己没有的，却非要与别人拥有的去乱攀比，那么肯定是天天烦恼。

如果少一些抱怨，那么就会多一些快乐。抱怨是一种致命的消极心态，一旦抱怨成为恶习，做了怨妇或怨夫以后，则会暗无天日，不仅好心境全无，而且别人跟着也会倒霉。

要想轻轻松松地生活，那么就别让心灵的负担太沉重。因为让自己生活的步履太艰难，只会没有今天生活的好心情。明智的办法是，好好把握现在，现在才是命运的真正灵魂。

一个人有欲望是正常的，没有欲望则是不正常的，但是这种欲望必须是正当的，既符合国家法律的规定又要遵守社会伦理道德的规范。这种正当的欲望，会激发一个人的活力，并且引导人不断地前进。假如这种欲望是不正当的，那么就容易变成致人死地的贪欲。

千万别厌倦平淡，也别害怕寂寞。生活不可能天天都是热热闹闹的，也不可能天天都是轰轰烈烈的，更不可能天天都是充满鲜花和掌声的，平平凡凡才是生活的真谛，实实在在才是生活的真实面目。

天使发现的是美，魔鬼发现的是丑。罗丹说："生活中不是缺少美，而是缺少发现。"如果不会欣赏每日的生活，则是人生的最大悲哀。是不是因为已经厌倦了日复一日的生活，所以才会淡漠一切？是不是因为每天的喧闹拥挤冲淡了喜悦的心情，以及每夜的痛苦烦恼挤走了宁静的温馨，所以才会被浮躁占据了整个心灵？

一个人的思维定势很重要，如果自己总是往好的方面看，那么自己就有积极的思想，乐观的态度。如果自己总是往坏的方面看，那么自己只有消极的思想，悲观的态度。

许多东西是“求不得”的，人生有遗憾是十分正常的。尽管世界上许多美好的东西不属于我们，但是我们的生命却是属于我们的。“不强求任何不属于自己的东西，甚至也不必为错过的机会叹息。生活中每天都是一个新的起点，相信太阳还会不断升起又升起。”

心里一旦有了恶念，就要千方百计地予以消除，决不能寻找任何借口为自己的恶念进行辩解，否则，不幸的厄运就会马上来到，也会埋下不幸的祸根。

“人世间没有让人时时顺心意的事情。只有脾气好、度量大、能容人的人，才能享受生活的实惠；那些气量小、心地窄、浅薄不容人的人，其实都是没事自找恼恨罢了。”为什么脾气好、度量大的人，多数都能够长寿，并且拥有自己美好的人生呢？关键在于他们能够保持自己快乐的心情。

在这物欲横流的世界里，每天都会有烦恼和痛苦的事情发生。譬如下岗失业、住房狭窄、交通拥挤、岗位不好、收入低微、货币贬值、子女教育等问题，哪一样都不能让人省心。但是在这平凡而短暂的人生中，从烦苦组成的琐碎日子里，总会看到快乐的精灵，总能听到愉悦的歌声，总有泪涌感动的地方，总存难忘欢乐的记忆。

快乐的态度决定生活的质量。一个能在烦海中畅游的人，绝对是一个生活的强者。要把生活中的许多不高兴事情，都当做是人生的一个组成部分，这样才能心平气和地接受它们，并且消化它们。不管生活条件是好还是坏，都要过好自己的生活。如果生活没有好心情，那么生活是无法过下去的。

最适合自己的，才是最快乐的。想虚无的东西多了，人就容易迷茫；想现实的东西多了，人就容易烦恼。所以，理想与现实要有机地相结合。理想是自己能够实现的，现实是自己能够接受的，那么肯定隐藏着巨大的欢乐。

一点感悟

第四部分

不要刻意去寻找幸福，
其实幸福就在自己身上

长白山那浩瀚的原始森林，大树参天，蒿草伏地，枯木倒卧，古藤缠绕，树挂飘渺，呈现出最古朴最自然的原始风貌。长白山的地势由高到低，以天池为中心向四周辐射，垂直高度非常明显，在百余公里内海拔高度相差 2000 多米，体现了几千米海拔地带的林带植被，使这里的气候、土壤及植被变化非常明显。可谓一山有四季，十里不同天。长白山在夏季一个季节里，可以体现出春夏秋冬四个季节的特点。游人从山下登山，到了山顶，仅仅几个小时，可是却仿佛经历了一年四季的季节变化。在山下穿短衣短裤，到了山上风衣、棉衣也不觉得热，这是多么奇怪的地势和多么奇特的旅游之路啊。

夏季来到了长白山，山下呈现出夏季的林海景象。莽莽林海，绿涛滚滚，在燥热的温度和多雨的水分下，各种大树和植物鼓足了劲向上伸展，枝繁叶茂。田地里禾苗翠绿，茁壮生长。林荫下、山坡上的各种花卉已经怒放，争芳斗艳。

大山的半山腰也该是夏季里的景象吧，与山下相比，正好相差一个季节，仿佛正在春秋之季。野草刚刚发芽，吐出嫩绿，松树的树冠开始发青，长出一层新绿的针叶。河水清澈见底，淙淙流淌，却冰冷彻骨。伏在林中一冬的野生动物仿佛刚刚苏醒，正在朦胧地警觉这气候的变化。再上一点山势，是海拔 1800 多米的高山岳桦林带，似乎仍然停留在秋天的季节里。野草枯黄，苔藓干脆，那低矮的岳桦仍然是老态龙钟。

夏季里的长白山顶，还没有把冬天的痕迹全部抹去，沟谷里仍有大片的冰湖冰雪残留，被山上已流淌的泉水一点点化解。白云峰上依然白雪覆盖，白云飘渺。从山上下到天池的悬崖上，几米厚的积雪刚刚开始塌落。站在山顶向下观望，天池里积雪未化，冰层未消，才开始塌落下沉。非要等到六月中下旬强烈的夏风吹来，连日不停的大雨，才能化开这一池天水。从开化露出水面到再封冻结成冰面，仅仅是四个月的时间，可见人们要看天池那碧蓝之水并非易事。长白山顶海拔在 2400 米以上，夏季里最高温度才达到 7 ~ 8℃，所以山上没有夏季，只有春秋相连，而漫长的冬季多达七个月之久。

来长白山游览，冬季是一片林海雪原，冰雪覆盖。而初夏季节登山，便可体验四季的温度变化，观望四季植物的生长，也是一种奇特的旅游方式。

——摘自长白山天域度假酒店官网

人生三大幸福事："开门迎接客人，出门游览山水，闭门阅读好书。"

人生的幸福，需要有人生的智慧来依托。如果没有智慧的光芒照耀，那么有可能进入痛苦的泥潭。幸福在哪里？幸福就在自己的身上，就在自己身边。

物质决定不了幸福。活着累？一小半源于生存，一大半源于攀比。幸福其实很简单，身体健康没有疾病；有人爱，有事情干；有希望，有信仰。幸福就会经常来伴随。

有人精彩分析："有的人本来幸福着，却看起来很烦恼；有的人本来该烦恼，却看起来很幸福。其实是生活的智慧在决定。活得糊涂的人，容易幸福；活得清醒的人，容易烦恼。清醒的人看得太真切，一较真，生活中便烦恼遍地；糊涂的人，计较得少，虽然活得简单粗糙，却因此觅得了人生的大滋味。"

“祸兮福所依，福兮祸所伏。”否极泰来，事物在一定条件下会相互转换。以一颗平常心看待人生的得与失，就能享受充实而幸福的人生。任何东西均是祸福相依的。清闲有清闲的寂寞，也有清闲的快乐；繁忙有繁忙的热闹，也有繁忙的烦恼。

其实获取快乐和幸福并不难，一点都不用费劲去寻找。不与别人盲目攀比，不过分注意缺陷，知道世上没有十全十美的东西，那么就会感觉快乐无比。以感恩之心来感受生活之美，更会随时觉得幸福不已。

假如一整天过分追求舒适的生活，专门寻求山珍海味，不会忍受半点的辛苦，不能接受一点委屈，不肯付出一定的辛勤劳动，那么肉体的萎缩和精神的衰老，比任何时候都会来得快。

人生的福分是十分有限的，不要自己把自己的福分快速地耗尽。一个谦卑、谨慎的人，能够把福分长久地保留；一个狂妄、贪婪的人，会把福分快速地耗尽。“有福不可享尽，有势不可使尽。”要常有惜福的心理，不能愚蠢地去挥霍自己的福气，应当谨慎地保护自己的福气。

大多数不开心的人，往往低估了自己拥有的幸福，又高估了别人拥有的幸福。

经营好自己的长处，才能做自己命运的主宰者。以自己的短处去谋生，会时常依赖别人，感觉痛苦不堪；以自己的长处去谋生，会自己做自己的主人，感觉幸福无比。

一点感悟

无论遇到什么样的天气，都要心平气和地坦然面对。春天有春天的郁闷，但是也有春天的快乐。冬天有冬天的冷冰，可是也有冬天的浪漫。

一个人的自身价值越大，其越有可能在社会上到处受到人们的尊敬。不要去埋怨别人是否尊重我们，而是应该检查自己有没有价值？怎样才能充分体现自己的价值？

君子以厚德载物。有德者人人赞美，无德者人人讨厌。一个人如果没有自己的道德修养，那么他是无法受到别人的尊敬的，也是无法在社会上生存的。

必须端正人生的态度，热爱生命，热爱生活，热爱人生。人是依靠精神来生活的，人活一口气。如果整天都是无精打采的，那么活着与死去没有两样。

生命是由每天组成的，人生是由每天编织的。不能稀里糊涂地过日子，要善于把握好每天的时间，妥善安排好每天的学习和工作，同时能够做到有松有弛。

快乐的心就有好的命运，痛苦的心只有坏的命运。要与别人友好相处，就要多看别人的优点。要与环境和睦相处，就要多与环境协调。

“一个人不应该像走兽那样活着，应该追求知识和美德。”一个人活着对别人越有帮助，对社会越有奉献，那么他的生命就会越有价值。自己要尽量地多去帮助别人，而不是去随便地伤害别人。一个经常种下善良种子的人，就能够时常收获感恩的心泉。多积德，多行善的人，其人生的命运也好。

一个人若拥有自我，就有做人的尊严，就能获得别人的尊重；一个人若失去自我，就没有做人的尊严，就不能获得别人的尊重。有自我就能理直气壮地做人，而丧失自我则形同丧家犬。

必须要拥有一技之长。别以为艺多压身，实际上艺从来不压身。只要有条件、有时间和有兴趣，就应多学点东西，别怕学而无用，学了就有用的时候，现在暂时用不上，将来终有一天用得上。

最佳的幸福人生模式是“少年要刻苦，中年要忙碌，老年要悠闲”。

一点感悟

第五部分

边生活边感悟人生，
学会智慧悠闲地生活

我们可以进行南北天域酒店的不同体验。

三亚天域度假酒店（Horizon Resort & Spa），中国面积最大的滨海酒店，占地约13万平方米，坐落在素有“天下第一湾”之称的海南三亚市亚龙湾，作为亚龙湾最早建造的五星级度假酒店，天域占据了整个亚龙湾中部最优越的观海位置，也是少数拥有私家海滩的酒店之一。在天域，看海是一种习惯。即使沐浴时刻，也能从容饱览碧海蓝天。

除了得天独厚的自然风光，天域还将建筑与园林之美完美结合，打造出独有的人文景观。酒店全部由美国名师设计，共有客房近1000间，风格变化多端，一区由全柚木地板、藤制家私营造出浓郁的夏威夷热带风格；二区为时尚公寓风格，步入式衣帽间、望海宽体浴缸、开放式厨房等设施体现了简洁的现代设计。酒店中心区域是亚龙湾最负盛名的天域花园。天域花园可称得上是亚龙湾最大的热带植物园，完全由天域度假酒店历经数载建造而成。园内遍植名贵热带植物，品种多达上千，经过酒店的苗圃基地精心培育，椰树、棕榈已蔚然成林，伞尾葵、三角梅、文殊兰争妍斗艳，更有鹦鹉蜂鸟翩跹其中，人在其中，宛如置身于向海的花园中。每一天都沉醉在交织着碧海、蓝天、鸟语、花香的世外桃源里。

因为拥有多年五星级酒店管理经验，天域度假酒店在设施与服务上用足功夫，每个细节均精心设计，每种需要都周到设想。从午后花园林荫下的鲜花泳池，到傍晚沙滩上的椰林烧烤，从豪华帆船到热海水按摩池……无论您是二人相伴，还是共享天伦之乐，无论您的需要如何，天域都能提供适合您的选择。

在天域，度假不止一种享受，心动不止一个时刻。种种诱人之处，除非亲临，无法想象。

——摘自三亚天域度假酒店官网

“把每一个黎明看做你生命的开始，把每一个黄昏看做你生命的小结。让每一个这样短的生命，都能为自己留下一点可爱的事业的脚印，和你心灵得到充实的痕迹。”要是每一个人都这般寻思，就不会虚度光阴，就会格外地珍惜时间，就不会被烦恼所缠绕，就能细心地发现快乐的东西，珍惜一切该珍惜的人和物，放弃那些应该放弃的东西，集中精力埋头干好自己的事业，别让人生留下遗憾，不让生命白白浪费掉。

“一个人的幸福在于：既不要奢望，更不要苛求；既要认真地做事，更要自然地做人。”根据自己的能力来做事，就能游刃有余，就不会心有余而力不足。

君子量大，小人气大。“能宽恕别人是一件好事，但如果能将别人的错误忘得一干二净，那就更好。”俗话说：“量大福大。”多宽恕别人，也是拯救自己的灵魂。进一步冤家路窄，退一步海阔天空。得理之时要饶人，举大事者不计小怨。时存报复之心，只会让怒火先把自己焚烧。

把手握紧，里面什么也没有；把手放开，你得到的是一切。人生中最珍贵的财富：洋溢在脸上的自信，信心、勇气、力量。融化在血里的骨气，自强、自尊，自强者天助也。打造进灵魂的信念，希望、执着。蕴藏在心中的梦想，用行动去实现。丰盈在大脑的知识，不断更新知识。庄严的相貌，父母给的面貌，自己修行的内心。

麻烦不来找你时，千万别去找麻烦。总惹麻烦的人，不仅自己烦恼多，而且特别讨人烦。自己能够做的事情，千万不要去麻烦人家。自己的心灵应该时刻保持安宁，这样才能不给自己添麻烦。

“尊重别人，尊重自己，愉快生活。”这是做人必须要掌握的三个基本原则。不要有不礼貌之举，尊重别人等于尊重自己。

一点感悟

自己不愿意好好做人，那么就要整天“闹鬼”。因为白天烦，所以到了晚上会更烦。睡眠不好的许多原因往往是心病引起的。

管好自己比在乎别人的评价更重要。永远不要期待自己会到处受别人的欢迎。心胸宽广容物，立定脚跟做人。

越是有本事的人，越要尽量地不显山不露水，才能避免不必要的伤害。一个人越是出类拔萃，越会受到别人的嫉妒和攻击。“出头的椽子先烂”，“枪打出头鸟”，“人怕出名，猪怕壮”，就是形象的比喻。

人高贵在于自重，人卑贱在于自轻。一个人若能自重，才会赢得他人的尊重。自己珍重自己的人，别人也会看重自己。自己作践自己的人，别人也会看轻自己。一个人连自己都不能珍重，却希望别人来尊重自己，这是不可能的。一个人如果能够做到“不贪财，不失信，不自是”，那么自然被他人敬重。

“自然做人，认真做事”应当作为人生的信条。要是颠倒做事与做人的策略，不会认真做事，只能太会做人，那么就会活得无比痛苦和不幸。天下大事，必做于细。天下难事，必做于易。缓事宜急干，敏则有功。急事宜缓，忙则多错。

如果自己不尊重客观的环境，不尊重与自己相处的人们，那么本身就意味着极端的愚蠢。由着自己的性子胡来，也是一种无知和悲哀。

一点感悟

要让双方的友谊天长地久，就必须要有适当的距离。因为距离美不但不会灼热彼此的心灵，还能增加彼此的情谊，又是永恒的美。

哲人说："人一半是天使，一半又是魔鬼。"人都有自私的一面，所以面对别人一些可笑的行为，就要经常豁达地开怀一笑。水至清则无鱼，人至察则无友。应该坚持的原则必须坚持，关键时候头脑要清醒，但是对于一些小事，就不要那么的斤斤计较。

改变别人的看法总是艰难的，而改变自己总是容易的。有时自己的想法改变了，也能恰当地改变别人的看法。光看别人脸色，会丢掉了自己真实的面貌。光在乎别人随意的评价，自己不努力自强，人生就会苦海无边。

“三大遗憾：不会选择；不坚持选择；不断地选择。三不斗：不与君子斗名，不与小人斗利，不与天地斗巧。三修练：看得透想得开，拿得起放得下，立得正行得稳。三大陷阱：大意、轻信、贪婪。三大悲哀，遇良师不学，遇良友不交，遇良机不握。”

做人要争一口气，但不要赌一口气。不能去做投机的赌徒，而是要去做踏踏实实的奋斗人。赌气会让人格受损害，可是争气会让生命放光彩。

奢狂仅是昙花一现，而忧患却能长久生存。表面不可一世的人，终无人生的好下场。做人一定要树立忧患意识，对人生的风险要有充分的认识。

人许多时候所处的绝境，不是生存的绝境，而是精神的绝境。只要自己不从精神上垮下来，外界的一切是很难把自己击倒的，自己不仅要意识到陷入精神绝望的危害性，而且还要有走出精神绝望的大智慧。

在社会上生存，重要的是不断提升自己的实力。如果没有自己的实力，那么何以与人笑谈天下呢？任何的愤怒、咒骂、烦恼和痛苦都不是实力的象征，而是愚蠢的表示。